Die Klimafrage

Mehr Mut täte uns gut!

Autor: Karl Leberl
          Hamburg

1.Auflage 2020

Verlag: tredition GmbH
        Halenreihe 40-44
        22359 Hamburg

Bibliografische Information der Deutschen Nationalbibliothek:
Die Deutsche Nationalbibliothek verzeichnet diese Publikation in der Deutschen Nationalbibliografie; detaillierte bibliografische Daten sind in Internet über http://dnb.dnb.de abrufbar.

Vorwort

Es gibt kaum ein Thema, das in unserer Zeit so ausgiebig behandelt wird wie die Klimafrage, auch wenn im Moment die Corona-Krise alles überdeckt. Das Besondere an der Klimafrage sind die vielen nicht zusammenpassenden Informationen, die ständig auf uns einwirken.

Ziel dieses Buches ist es, die Dinge in eine Struktur zu bringen, um sie so begreifbarer zu machen.

Folgende Fragen sind zu klären:
Gibt es überhaupt ein Klimaproblem? Wenn ja, wie gravierend ist es? Kann Deutschland dabei eine Rolle spielen? Welche Techniken sind verfügbar oder sind in der Entwicklung? Gibt es Übergangstechniken oder soll man warten bis die beste Technik auf dem Markt ist?
Im Endergebnis möchte ich zur Aufklärung besonders bei älteren Menschen beitragen, die oft sehr skeptisch sind. Bei Jugendlichen möchte ich Interesse für das sich vollkommen verändernde breite Gebiet der Energietechnik wecken. Alle Techniken müssen sozusagen neu erfunden und entwickelt werden. Überall, wo CO_2 entsteht, braucht man neue Ideen, um es zu vermeiden.
Schülern, die sich Gedanken über ihre Berufswahl machen, möge dieses Buch eine Hilfe sein.

Karl Leberl, Hamburg, April 2020

Inhalt

Inhalt

1 Grundlagen

1.1 Die Temperatur der Erde im langfristigen Rahmen

Im Zeitverlauf von heute bis zurück vor 450 000 Jahren gab es verschiedene Schwankungen der mittleren Temperatur. Es gab einen typischen Wechsel zwischen kalten und warmen Perioden. Eine solche Periode hatte eine Länge von ungefähr 100 000 Jahren. Die periodischen Eiszeiten erklärt eine Theorie von Milutin Milankowic.

Nach dieser Theorie ändert sich die Form der Erdbahn um die Sonne durch den Einfluss der großen Planeten Jupiter und Saturn. Die Form schwankt zwischen Kreis und Ellipse. Zurzeit läuft die Erde fast auf einer perfekten Kreisform.
Die Warmzeiten kamen immer dann zustande, wenn bei einer elliptischen Form die Sonne nahe stand und auf der Nordhalbkugel Sommer war. Dieses Zusammentreffen geschah alle 100 000 Jahre.

Der Nachweis für diese Abläufe ergibt sich aus den Kernbohrungen des Eises auf der Antarktis und übereinstimmend auf der Arktis. Im Eis der Kernbohrungen befinden sich eingeschlossene Luftbläschen, die untersucht worden sind. Auf diese Weise kommt man an Luft so wie sie vor 450 000 Jahren beschaffen war und kann diese dann wissenschaftlich analysieren.

Zwischen den Eiszeiten und den Zwischeneiszeiten änderte sich die Temperatur jeweils um 7 ° Celsius und der Kohlendioxidgehalt lag zwischen 0,02 % und 0,03 %. Dieser Prozentsatz hat sich in den 450 000 Jahren praktisch kaum verändert. Über Jahrtausende hat sich diese stabile Situation auf natürliche Weise so eingependelt.
Die Erde hat bisher 4 Eiszeiten und 5 Zwischeneiszeiten (Warmzeiten) erlebt.

Vor 10 000 Jahren war das Ende der letzten Eiszeit. Der Meeresspiegel lag 120 m niedriger als heute. Danach ist die mittlere Temperatur auf 15° Celsius angestiegen.

Wir leben jetzt somit in einer Zwischeneiszeit. In einer Zwischeneiszeit steigt die Temperatur naturgemäß an bis zu einem Punkt, ab dem es dann wieder in Richtung Eiszeit geht. In dieser Phase leben wir. Eine eindrucksvolle Darstellung und Beschreibung der Zeit davor ist in dem Museum Universum in Bremen zu sehen. Über Norddeutschland lag vor 10 000 Jahren ein dicker Eispanzer.

Wenn man die Zeitdauer des Abschwungs der Temperatur mit der des Anstiegs vergleicht, so stellt man fest, dass es sehr schnell aufwärts geht und die Abwärtsbewegung sehr lange dauert. Die Erwärmung um 7° C dauert etwa 2000 Jahre und die Abkühlung um 7° C etwa 100 000 Jahre. So gesehen würde es von unseren derzeitigen 15° Celsius etwa 100 000 Jahre dauern bis wir wieder am Ende der nächsten Eiszeit sind.

Diese Ablauf war, wie man heute feststellen kann, bei den früheren Eiszeiten normal.

Das Besondere heute ist aber, dass die Tendenz des Temperaturverlaufs nicht nach unten geht, sondern nach oben. Da wir uns in einer Zwischeneiszeit befinden, müsste die Tendenz nach unten gehen.

In den letzten 150 Jahren ist eine deutliche Veränderung des üblichen Ablaufs eingetreten. Die mittlere Temperatur ist nämlich seit 1850 um 0,7° Celsius gestiegen.
Das ist die entscheidende wissenschaftliche Erkenntnis unserer Zeit.
Zu den Zweifeln an dieser Feststellung werde ich später noch ausführlich eingehen.

Mit dem Anstieg um 0,7° Celsius ist auch der Kohlendioxidgehalt auf den Rekordwert 0,04 % angestiegen. Das ist ein Wert, der vorher noch nie seit einer Million Jahren erreicht wurde.

Die Angabe dieses Wertes in Prozent ist mit der Angabe in ppm (part per million) identisch. Der Wert 0,04 % entspricht also dem Wert 400 ppm.

1.2 Der Treibhauseffekt

Ohne die Erdatmosphäre würde sich auf der Erde eine Temperatur von
– 18° Celsius einstellen. Die Erde wäre somit total vereist und ein Leben
für uns Menschen praktisch unmöglich.

Verschiedene Spurengase, wie Wasserdampf, Kohlendioxid und Ozon
bilden in einer Höhe von 20 km bis 30 km eine Schicht von Teibhausgasen.

Die Strahlen der Sonne durchqueren auf dem Weg zur Erde die
Atmosphäre. Da es sich um kurzwellige Strahlung handelt, kann sie die
Atmosphäre – mit den dort befindlichen Treibhausgasen – leicht
durchdringen. Wenn die kurzwellige Strahlung auf der Erde auftrifft, setzt
sie Energie frei. Die Erde wird gewärmt. Aus den kurzen Wellen werden
lange Wellen, also Wärmestrahlen. Diese werden von den Treibhausgasen
wieder zurückreflektiert und wärmen die Erde wiederum, also ein zweites
Mal.

Im natürlichen Fall wird die Erde auf durchschnittlich 15° Celsius
gehalten, im Gegensatz zu den erwähntem -18° Celsius ohne die
natürlichen Treibhausgase.
So gesehen ist der Treibhauseffekt eine gute Sache. Er sorgt quasi für die
richtige Temperatur auf der Erde.

Innerhalb der langen Dauer mit den vielen bekannten industriellen
Entwicklungsstufen angefangen von der Erfindung der Dampfmaschine bis
heute und der enorm gewachsenen Weltbevölkerung ist die Schicht der
Treibhausgase immer voluminöser geworden.

Die Erde bekam, bildlich gesprochen, zu der natürlichen Wärmedecke noch
eine zusätzliche Wärmedecke übergelegt.

Wenn man sich die Zusammensetzung der Athmosphäre ansieht, so ist
schon sehr erstaunlich, was ein kleiner Bestandteil an Veränderung
bewirken kann.

Die Spurengase kommen in der Atmosphäre nämlich nur in kleinen Mengen vor, wie schon ihr Name sagt. Unsere Luft besteht zu 78 % aus Stickstoff, 21 % Sauerstoff und nur zu einem Prozent aus anderen Gasen. Die wichtigsten dieser Gase, der sog. Treibhausgase, sind die folgenden:

Kohlendioxid	56 %
Methan	16 %
Ozon	12 %
FCKW	11 %
Sonstige	1 %
Summe	100 %

Die angeführten Anteile sind die vom Menschen gemachten Anteile.

1.3 Wahrheitsgehalt der Erderwärmung

Wenn man wissen möchte, wie wahr eine Aussage zu einer bestimmtem Frage ist, dann stellt man dies Frage an eine kompetente Person. Es ist als erstes also herauszufinden, wer auf dem bestimmten Gebiet kompetent ist, und nach Möglichkeit sollte man mehr als einen solchen Kompetenzträger finden. Sodann ist ein Vergleich der evtl. unterschiedlichen Aussagen anzustellen.
Dem Autor fallen an dieser Stelle einige Fehler ein, die man dabei machen kann.

Fehler 1

Es gibt unter den Wissenschafltern einen Teil von Wissenschaftlern, die aber nicht genau auf dem geforderten Gebiet tätig sind.

Fehler 2

Es besteht die Gefahr, dass bestimmte Personen befragt werden, die bestimmte Interessen vertreten. Dazu das berühmte Beispiel von den Fröschen, die man nicht befragen sollte, wenn man einen Sumpf austrocknen möchte.
Wer z.B. ein Geschäftsmodell hat auf der Basis fossiler Brennstoffe, den muss man tunlichst nicht nach der Klimaveränderung befragen.
Die Verknüpfung mit einem solchen Geschäftsmodell ist oft nur schwer zu erkennen. Journalisten haben hier eine wichtige Aufgabe zur Aufklärung.

Fehler 3

Es gibt für einige Meinungsvertreter die Tendenz, generell gegen eine neue Erkenntnis zu sein. Das ist gleichsam ihr Geschäftsmodell. Auch mit dieser Methode können Meinungen für bestimmte Ziele manipuliert werden.

Ich habe mich bei der Beschäftigung mit diesem Punkt gefragt, ob es nicht unter Beachtung der hier genannten und auch weiterer Fehlerquellen Studien gibt, die hier weiterhelfen. Und in der Tat ich bin in dieser Sache fündig geworden.

Es gibt einen sehr beachtenswerten Aufsatz von Naomi Orekes aus dem Jahre 2004. In diesem Aufsatz hat die Autorin, eine Geologin und Professorin der Universitätä San Diego, wissenschaftliche Studien aus der Zeit von 1993 bis 2003 zusammengetragen und ausgewertet.

Sie konzentrierte sich auf begutachtete Fachliteratur, die gemäß den wissenschaftlichen Standards vor der Veröffentlichung von Fachkollegen gelesen und auf Fehler kontrolliert worden sind ("Peer-Review-Literatur").
Dabei hat sie zu dem Thema "globaler Klimawandel" 928 Aufsätze gefunden. Oreskes fand keine einzige Studie, die dem Forscherkonsens widersprach, demzufolge die Erderwärmung ab 1950 sehr wahrscheinlich durch menschliche Aktivität verursacht wurde. Ihr Fazit lautete:

"Politiker, Ökonomen, Journalisten und andere mögen den Eindruck haben, es herrsche ein Durcheinander, Uneinigkeit oder gar Streit unter Klimaforschern – aber dieser Eindruck ist falsch..... Viele Details klimatischer Wechselwirkungen sind ungeklärt, und es gibt reichlich Gründe für weitere Forschung zum besseren Verständnis des Klimasystems. Auch ist die Frage noch offen, was gegen den Klimawandel zu tun ist. Aber es gibt einen wissenschaftlichen Konsens über die Realität des menschengemachten Klimawandels".

Kurz nach der Veröffentlichung wurde die Studie scharf angegriffen. Größtes Aufsehen erregte die Kritik des deutsch-britischen Kulturwissenschaftlers Benny Peiser. Die Analyse seiner Kritik erwies sich später jedoch als fehlerhaft und er nahm seine Kritik im Wesentlichen zurück. Trotzdem wird diese Kritik von Peiser in verschiedenen Kreisen immer noch wiederholt.

Andere Kritiker, die der Meinung waren, sie hätten Belege gefunden für Fehler in der Untersuchung von Naomi Oreskes, konnten dies nicht beweisen.

Besonders umfassend hat der US-Geologe James Powell (www.jamespowell.org) den wissenschaftlichen Konsens zum Klimawandel untersucht. Sein Ergebnis lautet:

Von 33.700 Autoren wissenschaftlich geprüfter Artikel lehnen nur 34 ab, dass der Klimawandel großteils vom Menschen verurasacht wird. Also 99,9 % der Wissenschaftler sind der Meinung, dass der Mensch für den beschleunigten Klimawandel hauptverantwortlich ist. Auf Powells Ergebnisse verwies auch die deutsche Bundesregierung im August 2019 in einer Anwort auf eine Bundesanfrage.

1.4 Besondere Klimaereignisse

Die unter 1.1 dargelegten Klimaverhältnisse im langfristigen Rahmen können bestimmte Klimaereignisse in Einzelnen nicht erklären. Gemeint sind wiederkehrende oder auch relativ stabile Klimaabläufe in bestimmten

Regionen. Dazu gehören die folgenden.

Der Golfstrom

Dies ist eine Meeresströmung, die unser Klima in Europa entscheidend beeinflusst. Berlin liegt z.B. nördlicher als Quebec in Kanada, und trotzdem ist es in Deutschland 5 Grad Celsius wärmer. Der Grund dafür ist der warme Golfstrom. Das Wasser wird von der Sonne in Mittelamerika und der Karibik aufgeheizt und strömt als Golfstrom auf einer Breite von 50 km über den Atlantik. Er endet zwischen Grönland und Norwegen. Dort trifft das warme salzhaltige Wasser auf kaltes salzarmes Wasser. Das warme Wasser kühlt sich ab und sinkt, weil es schwerer wird, nach unten. Abgekühlt gelangen die Wassermassen in den Süden zurück, um dort wieder erwärmt zu werden.

Das Risiko, dass diese wunderbare Dauerheizung einmal ausfällt, wird von Wissenschaftlern auch gesehen.
Dieser Fall wäre auch gegeben, wenn der Salzgehalt des warmen Golfstroms nicht mehr ausreicht, dass er im Nordmeer in die Tiefe fällt. Durch das Abschmelzen der Gletscher, die aus Süßwasser bestehen, nimmt der Salzgehalt des Golfstroms ständig ab.

El Niño

Der El Niño ist eine Klimaanomalie, die sich im Pazifikraum zwischen der Westküste Südamerikas und dem südasiatischen Raum (Indonesien, Australien) ereignet. Hier kommt es seit mehr als 150 Jahren im Abstand von 2 bis 7 Jahren zu einer Umkehr der normalen Wettersituation.
Der Name weist darauf hin, dass diese Erscheinung zu Weihnachten eintritt (el niño = Kind = Christkind).
Normalerweise befindet sich an der südamerikanischen Westküste das kalte Wasser des Humboldtstroms. Dieses ist nährstoffreich und fischreich und gut für das Ökosystem all seiner Tiere (Vögel, Robben, Pinguine usw.).
In einem El Niño-Jahr kommt alles durcheinander. Die Fischindustrie bricht zusammen und es kommt in Peru, Ecuador und Chile zu sintflutartigen

Regenfällen, welche Erdrutsche in diesen Ländern auslösen. Auswirkungen gibt es auch im westpazifischen Raum in Form starker Dürre. Auch in Afrika entstehen Dürren und Regenfälle.

Die grüne Sahara

Vor einigen Tausend Jahren war die Sahara grün. Feuchte Atlantikluft und Monsunregen sorgten dafür. Durch eine kleine Änderung der Erdbahn und auch der Erdachsenneigung kippten die stabilen Verhältnisse. Der Monsunregen blieb aus und es entstand die Wüste so wie wir sie heute kennen.

Aus den genannten Phänomenen läßt sich erkennen, dass die Entwicklung des Klimas kein linearer Vorgang ist. Es gibt Punkte, an denen das Klima in einen anderen Modus springt, der dann über einen langen Zeitraum stabil sein kann.
An den hier beschriebenen Phänomenen läßt sich ablesen, dass viele damit verbundene Fragen noch offen sind. Für uns als Europäer ist der Golfstrom von besonderer Bedeutung. Falls dieser komplett zusammenbrechen würde, hätte das eine extreme Auswirkung für Europa.

Der Weltklimarat, auf den später noch genauer eingegangen wird, schließt ein Zusammenbrechen des Golfstroms jenseits des 21. Jahrhunderts bei anhaltender Erwärmung der Erde nicht aus.

1.5 Was droht uns im schlimmsten Fall?

Wenn die fossilen Energieträger weiter ungebremst verwendet werden, steigen die Treibhausemissionen weiter deutlich an und die mittlere globale Temperatur erhöht sich um 8° Celsius. Der Meeresspiegel erhöht sich um 1 bis 2 Meter bis zum Jahr 2100.

Wenn das komplette Grönlandeis taut, steigt der Meeresspiegel allein dadurch um 7 Meter. Taut dann noch das Eis der Antarktis ab, steigt der Meeresspiegel allein dadurch um 60 Meter.
Ganze Küstenregionen und Städte wie Hamburg oder New York versinken im Meer.
Hamburg liegt 6 Meter über dem Meersspiegel, Kiel lediglich 5 Meter.
Hitzewellen, Dürren und extreme Niederschläge nehmen zu. Es kommt zu erheblichen Bevölkerungswanderungen mit der Folge starker globaler Spannungen.
Das ist insgesamt ein ziemlich schlimmes Szenario.

Schätzt man die klimatische Entwicklung optimistischer ein und meint, so schlimm wird es schon nicht kommen, dann hat man aber auch kein gutes Gefühl. Denn auf jeden Fall muss man sehen, dass mit zunehmender globaler Temperatur eine Veränderung in welche Richtung auch immer passiert. Anzunehmen, es würde nichts Schlimmes passieren, wäre eine große Dummheit.
Als Albert Einstein einmal gefragt wurde, ob er sicher sei, dass das Weltall unendlich ist, sagte er, er sei nicht ganz sicher. Dass die menschliche Dummheit aber unendlich ist, dessen sei er sich sehr sicher.
Hoffentlich hat sich Einstein in diesem Punkt geirrt.

2 Reaktion der Politik

2.1 Weltpolitik

In den 1980er Jahren stellten Forscher*innen vermehrt fest, dass sich die Atmophäre erwärmt, und dass Aktivitäten des Menschen eine Ursache sein könnten. Im Jahre 1988 wurde deshalb der Weltklimarat IPCC (Intergoverment Panel on Climate Change) gegründet.

Gründer dieser Einrichtung waren das Umweltprogramm der Vereinten Nationen (UNEP) mit dem Sitz in Wien und die Weltorganisation für Metereologie (WMO) mit dem Sitz in Nairobi. Initiator dieser Organisationen sind die Vereinten Nationen (UN).

Der Weltklimarat ist ein wissenschaftliches Gremium, das alle relevanten Forschungsergebnisse des Klimawandels zusammenträgt. In regelmäßigen Sachstandsberichten werden die Ergebnisse veröffentlicht. Jeder hat Zugang zu diesen Berichten (www.de-ipc.de). Es gibt auch eine Zusammenfassung für politische Entscheidungsträger. Die Berichte geben keine Handlungsempfehlungen, sondern halten nur Tatsachen fest.
Zurzeit sind 195 Länder Mitglieder des IPCC. Die deutsche IPCC-Koordinierungsstelle ist in Bonn am Deutschen Zentrum für Luft- und Raumfahrt eV. angesiedelt.
Das aktuellste und wichtigste Ergebnis internationaler Bemühungen in der Klimafrage ist das Pariser Klimaschutzabkommen.
Während der Weltklimakonferenz 2015 in Paris haben sich 198 Staaten über ein verbindliches Übereinkommen geeinigt.
Danach soll die Erderwärmung auf unter 2° Celsius, möglichst unter 1,5° Celsius, begrenzt werden und das bis 2050.
Von den 198 Staaten heben 3 Staaten das Abkommen in ihren Ländern nicht ratifiziert: USA, Syrien, Nicaragua

2.2 Klimaziele Deutschlands

Die Klimaziele Deutschlands ergeben sich nicht nur aus dem Pariser Abkommen, sondern sie sind auch eng verbunden mit den Klimaschutzvorgaben der EU. Eine Maßnahme der EU ist z.B. der EU-Emissionshandel, der auch für Deutschland gilt. Dabei vergibt bzw. versteigert eine zentrale Vergabestelle Zertifikate für den Ausstoß von CO_2 an die Industrie und Firmen. In Deutschland ist dafür eine Abteilung des Umweltbundesamtes zuständig.

In dem Klimaschutzplan 2050 sind die Ziele bis zur treibhausneutralen Nation festgelegt.

Treibhausneutralität = Klimaneutralität bedeutet, dass entweder bei der Produktion überhaupt kein CO_2 entsteht oder dass man ein Zertifikat hat, das besagt, eine bestimmte Menge CO_2 ausstoßen zu dürfen. Das Zertifikat ist eine Bescheinigung dafür, dass der Inhaber CO_2 mit einem anderen Projekt aus der Welt schafft und zwar die gleiche Menge, die er produziert.

Im Vergleich zum Jahr 1990 sind folgende Reduzierungen festgelegt:

- • bis 2020 um 40 %
- • bis 2030 um 55%
- • bis 2040 um 70%
- • bis 2050 weitgehend treibhausgasneutral

Diese Ziele sind bis 2030 im Plan für die jeweiligen Sektoren aufgeschlüsselt:

• Energiesektor	61% bis 62%
• Industrie	49% bis 51%
• Gebäudebereich	66% bis 67%
• Verkehr	40% bis 67%
• Landwirtschaft	31% bis 34%

Laut Klimaschutzbericht 2018 werden 2020 folgende Ziele erreicht:

Energie	39%
Industrie	40%
Private Haushalte	42%
Verkehr	3-4%

In der Summe ergibt sich aus diesem Bericht, dass die Ziele bei weitem nicht erreicht werden. Das gilt insbesondere auch für die hier nicht aufgeführte Landwirtschaft.

Will man sich aus einer anderen Perspektive ein Bild über die Zielerreichung der Staaten über die Lage auf dem Weg zu den Erneuerbaren Energien machen, so ist auch ein Blick auf eine Statistik des Weltforums der Wirtschaft von Davos interessant. Die Statistik erscheint jährlich und wird von McKinsey erstellt.

In der Gruppe der hochentwickelten Länder liegt danach Deutschland auf Platz 16. Auf den ersten 3 Plätzen stehen Schweden, Dänemark und die Schweiz. Aber auch Frankreich und Großbritanien liegen deutlich vor Deutschland.

Die zurzeit aktuelle Viruspandemie wird vermutlich nur eine vorrübergehende Verbesserung der Emissionswerte bringen und an dem Klimaproblem nichts ändern.

3 Struktur der Energieumwandlung

Zur besseren Einordnung der verschiedenen Erscheinungsformen der Energie müssen zuallererst die Zusammenhänge erklärt werden. Der Nutzer braucht immer die Form der Energie, die für seinen Nutzungswunsch passt.

Am Anfang hat die Energie die Form so wie sie aus der Erde geholt wird, z.B. der fossile Stoff Rohöl. Dieser Stoff muss jedoch erst umgewandelt werden, damit man ihn als Benzin im Autotank zur Fortbewegung nutzen kann. Am Ende steht die Form, die der Kunde nutzt, nämlich die Kraft am Rad des Autos.

Will der Nutzer ein warmes Wohnzimmer haben, so wird das Rohöl in Heizöl umgewandelt und dieses wiederum mittels einer Zentralheizung in Wärme.

Sieht man sich den gesamten Prozess der Umwandlung genauer an, so erkennt man sehr schnell, dass am Ende lange nicht das herauskommt, was vorne hineingesteckt wird.

Primärenergie (=100%)   Kohle
                           Rohöl
                           Naturgas
                           Uran
                           regenerative Energieformen

Endenergie (= 65%)   Elektrizität
                           Erdgas
                           Erdöl
                           Fernwärme

Nutzenergie (=34%)   Licht
                           Kraft
                           Wärme

Die Abnahme von 100% auf 34% wird verursacht durch Verluste, die bei jedem Umwandlungsprozess entstehen. Bedenkt man noch, dass nicht die komplette Nutzenergie sinnvoll eingesetzt ist z.B. das Heizen schlecht gedämmter Gebäude, dann kommen am Ende nur 20% raus.

Alle genannten Umwandlungsprozesse sind für mehr als 80% der Treibhausgasemissionen verantwortlich.

Ein Bereich, der hier nicht genannt ist, ist die Landwirtschaft. CO_2 spielt hier nicht die Hauptrolle. Klima-Einheizer sind hier vor allem Methan und Lachgas. Methan ist 25-fach, Lachgas 298-fach klimaschädlicher.

Beides wird vorwiegend bei der Rinderzucht produziert. Zählt man die CO_2-Emissionen aus dem Energieverbrauch und die Düngemittelherstellung sowie Ausgasungen landwirtschaftlich genutzter Moorböden hinzu, kommt man auf einen Anteil von 15-17%.

4 Umsetzung der Dekarbonisierung

Es ist die Frage zu klären, wie es technisch umzusetzen ist, dass man bei dem Einsatz der Primärenergie von dem hohen Anteil fossiler Stoffe wegkommt.
Eine solche Forderung ist leicht zu stellen, aber es muss auch ein gangbarer Weg aufgezeigt werden. Nur dann ist mit einer gesellschaftlichen Akzeptanz zu rechnen. Im Moment ergibt sich dafür noch kein klares Bild in der öffentlichen Wahrnehmung.

Deshalb kann eine Gesamtdarstellung eines solchen Weges von Nutzen sein.

Dazu werden die für den normalen Bürger wichtigen Sektoren Energiewirtschaft (Stromherstellung), Verkehr und Wärme im Folgenden näher unter die Lupe genommen. Der Sektor Industrie soll hier außen vorgelassen werden.

4.1 Energiewirtschaft (Stromherstellung)

Für die Herstellung von Strom wird 45% der Primärenergie eingesetzt. Die Frage ist, wie dieser Sektor klimaneutral gemacht werden kann. Zurzeit besteht da ein Mix von Kohlestrom (Braunkohle und Steinkohle), Atomstrom, Gasstrom (Gaskraftwerke), Windkraft, Photovoltaik und Wasserkraft. Ziel ist es also, den gesamten Block durch erneuerbare Energieformen zu ersetzen.

Nach Angabe von Fraunhofer ISE lag der Strommix für das Jahr 2019 bei 49,3%.

Windenergie	25,3%
Solar	9,5%
Biomasse	8,5%
Wasserkraft	4,0%
Summe	49,3%

Anhand dieser Zahlen ist abzulesen, dass man auf diesem Sektor schon ein gutes Stück vorangekommen ist. Das ist besonders auch deshalb wichtig, weil durch die Entwicklung aller anderen Bereiche zum grünen Strom hin der Bedarf im Strombereich stark ansteigen wird.

In Ergänzung zu den genannten erneuerbaren Energiearten sei hier auch die Geothermie genannt.
Das Prinzip dabei ist, dass man die höheren Temperaturen im Inneren der Erde anzapft. In einer Tiefe von 10 km herrscht eine Temperatur von 300° Celsius und ein Druck von 3000 Bar. Die technisch erreichte Bohrtiefe liegt bei 12 km. In Deutschland wurden 9,1 km in der Oberpfalz erreicht.

Das Potenzial für die Nutzung dieser Energieform ist aus geologischen Gründen in Deutschland niedrig. Deshalb wird sie in den Statistiken der erneuerbaren Energien meistens auch gar nicht genannt.
Trotzdem gibt es einige wenige realisierte Kraftwerke, in denen Strom oder auch nur Wärme erzeugt wird. Genannt seien hier die Kraftwerke in Landau und Unterhaching.

Das EEG fördert diese Energieform mit 25,2 Cent pro Kilowattstunde.
Weltweit liegt der Anteil an der Energieerzeugung dieser Art im Promillebereich. Auf Island hat die Geothermie allerdings wegen der geringen Bohrtiefe von einiegen Hundert Metern einen Anteil von 60% am Primärenergieeinsatz, sodass man damit im Winter sogar die Bürgersteige eisfrei halten kann.

4.1.1 Entwicklung des Strombedarfs

Bei der Prognose für die Entwicklung ist zu sehen, dass ein Teil der zentral eingespeisten elektrischen Energie entfallen wird durch die Entstehung dezentraler Insellösungen. Diese sind völlig autark, weil der Strom selbst hergestellt wird.
Einige Kunden erzeugen jetzt schon ihren Strom selbst und heizen mit einem Blockheizkraftwerk (BHKW) oder einer Brennstoffzellenheizung. Für diese Anwendungen werden Zuschüsse gezahlt und sie können auch steuerlich abgeschrieben werden. Das sind Beispiele, die den Bedarf an zentralem Strom senken.
Insgesamt wird der Strombedarf nach Expertenmeinung allerding deutlich steigen, was auch gut nachvollziehbar ist, allein durch die E-Mobilität und das Auslaufen der fossilen Kraftwerke.

Ein wichtiger Aspekt für die Energiewende ist der Umbau des Stromnetzes. Dieses besteht im Nahbereich zu den Verbrauchern aus dem Verteilnetz und im Fernbereich für die weiten Strecken aus dem Übertragungsnetz.
Das Verteilnetz verläuft überwiegend unterirdisch, während das Übertragungsnetz über Hochspannungsmasten geführt wird.

Da Windstrom vorwiegend im Norden produziert wird, muss das Übertragungsnetz weiter ausgebaut werden, was auf wenig Akzeptanz bei den Bürgern stößt. Eine unterirdische Verlegung ist möglich, aber erheblich teurer.

Es kann sein, dass der Umbau des Verteilnetzes nur punktuell erforderlich ist, wenn Schnellladung gewünscht wird. Ein langsames Laden ist mit dem vorhandenen Netz jetzt auch möglich. Es dauert eben nur länger.

4.1.2 Versorgungssicherheit

Das ist ein sehr sensibles Thema. Wir haben uns in Deutschland schon lange an eine sehr sichere Stromversorgung gewöhnt und für jeden von uns ist sie wichtig. Kurze Stromunterbrechungen können schon heftige Erregung auslösen.
Für viele Menschen ist deshalb der Gedanke, dass man mit Windenergie

und Sonnenenergie und dem Rest an erneubaren Formen eine Vollversorgung hinbekommen will, eine ziemliche Illusion. Man denkt, wie soll das gehen, wenn kein Wind weht und die Sonne tagelang nicht scheint. Aus Atomstrom ist man ausgestiegen und der Ausstieg aus der Verstromung von Kohle ist schließlich auch auf dem Weg.

Um einer Lösung in dieser Frage näher zu kommen, wurde ein Projekt unter der Bezeichnung Kombikraftwerk (www.kombikraftwerk.de) durchgeführt, um den Nachweis zu führen, dass mit erneuerbaren Energiequellen eine Vollversorgung möglich ist. Dazu hat man 36 über ganz Deutschland verstreute Wind-, Solar-, Biomasse und Wasserkraftanlagen verknüpft. Produzierten Wind- und Solaranlagen nicht genügend Strom, mussten Biogasanlagen und Pumpspeicherkraftwerke einspringen.

Die Ergebnisse des Projektes waren sehr erfolgversprechend. Der Bedarf konnte im Kleinen nahezu optimal gedeckt werden. Der Bedarf sollte ein Zehntausendstel des deutschen Strombedarfs abdecken, was der Vollversorgung von 12 000 Haushalten entspricht, einer Stadt wie Schwäbisch Hall.

Natürlich wissen technische Experten, dass man das, was im kleinen Maßstab funktioniert, nicht ohne weiteres auf einen großen Maßstab übertragen kann. Es muss da noch an bestimmten Stellschrauben gedreht werden.

Eine davon ist die Ausweitung der elektrischen Speichertechnik. Die jetzigen Speichetechniken reichen lange nicht aus. Derzeit werden überwiegend Pumpspeicherkraftwerke genutzt. Der Bau weiterer solcher Anlagen ist in Deutschland aber stark begrenzt. Andere Länder wie Norwegen oder die Alpenländer kämen schon eher in Frage.

Eine Lösung für dieses Problem wird vorwiegend im Erdgasnetz gesehen. Deutschland verfügt über ein sehr engmaschiges Erdgasnetz mit enormen Untertagespeichern, die über Wochen die Versorgung sicherstellen können. Diese Netze und Speicher lassen sich direkt für die künftige Elektrizitätsversorgung nutzen.

Der aufmerksame Leser wird an dieser Stelle sagen, aber halt. Erdgas ist doch auch ein fossiler Brennstoff. Ja, aber er ist der umweltfreundlichste unter den fossilen Brennstoffen. Bei der Verbrennung entsteht deutlich weniger CO2 als bei Kohle. Außerdem liegt bei Kraftwerken mit Erdgas der Wirkungsgrad bei 61%, mit Kohle bei 50%. Wird bei einem BHKW auch die Wärme ausgenutzt, so kann der Wirkungsgrad eines mit Erdgas betriebenen KW auf 80-90% steigen.

Insgesamt lässt sich zum Thema Versorgungsicherheit sagen, dass hier noch viel getan werden muss, aber die Möglichkeiten sind gegeben. Geld für Forschung auf diesem Gebiet ist gut angelegtes Geld.

4.1.3 Stromerzeuger der Zukunft werden andere als bisher

Die Stromerzeugung konzentrierte sich in der Vergangenheit auf vier große Energieversorger. Durch das Aufkommen der EE haben sich die Verhältnisse völlig geändert. Die großen vier Versorger sind an der installierten Leistung zur Stromerzeugung aus EE-Anlagen nur mit 5,4% beteiligt. (Daten: AEE/trend research.Stand 2017).
42% gehören Landwirten und Privatpersonen.

Privatpersonen	31,5%
Landwirte	10,5%
Gewerbe	13,4%
Fonds u. Banken	13,4%
Große vier	5,4%
Andere Versorger	10,3%
Projektierer	14,4%
Sonstige	1,0%
Summe	100 %

Aus diesen Zahlen ist zu erkennen, dass die großen vier Versorger offensichtlich kein großes Interesse an der Energiewende an den Tag gelegt haben.
Die großen Energiekonzerne spielen bei dieser Entwicklung eine immer kleinere Rolle. Die neuen Betreibergesellschaften sind mehr und mehr in die Hände der Bürger übergegangen und jeder kann sich daran beteiligen und von dieser Entwicklung profitieren.

4.1.4 Das EEG (Gesetz für erneuerbare Energie)

Dieses Gesetz trat im Jahre 2000 in Kraft. Das Ziel ist die Förderung von erneuerbaren Energieanlagen. Der Erfolg dieses Gesetzes läßt sich an zwei Zahlen ablesen.
Im Jahr 2000 lag der Anteil der erneuerbaren Energien am Strommix bei 6,3%, heute, wie unter 4.1 bereits genannt, bei 49,3%.
Das Gesetz ist zwischendurch angepasst worden, weil es Fehlentwicklungen gab. So war der Zertifikate-Preis für den Ausstoß von CO2 für fossile Brennstoffe viel zu niedrig. Und so wurden im Grunde die falschen Kraftwerke subventioniert. Der Kohlestrom war sehr billig und es wurde auch munter exportiert. 2017 wurden 3/4 des Strombedarfs in Österreich damit gedeckt.

Inzwischen ist dieser Fehler korrigiert worden und der Kohlestrom ist gestiegen, was politisch gewollt ist, nicht natürlich vonseiten der Kohlestromlieferanten.

Etwa zwei Drittel der CO2-Zertifikate werden an Börsen gehandelt, zum Tagespreis oder auf Termin.
Emissionsrechte sind damit Spekulationobjekte wie Aktien oder Öl. Kraftwerksbetreiber und Stahlkonzerne und auch Investmentbanken und Hedgefonds handeln mit ihnen. Weltweit werden jährlich Emissionsrechte für 144 Mrd. Dollar umgesetzt. 90% des Börsenhandels kontrolliert die US-Terminbörse ICE über ihre Tochterunternehmen in London und Chicago laut Meldung des Handelsblattes vom 9.2.2020. ICE wiederum ist eine Tochter amerikanischer Banken und Vermögensverwalter.

An der Leipziger Strombörse werden lediglich 2,4% der Stromzertifikate gehandelt.
Das Prinzip des EEG besteht darin, dass der Strom aus einer EE-Anlage z.B. einer Photovoltaikanlage auf dem Hausdach in das allgemeine Stromnetz eines Netzbetreibers eingespeist werden kann und dafür eine Vergütung gezahlt wird. Die Vergütung lag früher deutlich über dem Strompreis der Stromversorger, heute ist die Vergütung auf 9-10 Cent/kWh gesunken. Für die Eigenversorgung ist eine PV-Anlage aber immer noch attraktiv, weil der Preis des selbst hergestellten Stromes bei ca. der Hälfte des eingekauften Stromes liegt.

4.2 Verkehr

4.2.1 Vergleich Elektroauto/Verbrenner

Stellt man die Frage, wie weit diese verschiedenen Antriebsarten mit derselben Energiemenge, z.B. einer kWh , fahren können, so kommt man zu einem überraschenden Ergebnis.

Elktroauto(Batterie)   5,0 km
Verbrenner(Benzin)   1,7 km

Annahmen: Verbrenner mit 7 Liter/100km
Elektroauto: 20kWh/100km

Dabei entspricht 1 Liter Superbenzin 8,4 kWh.

Der Unterschied erklärt sich durch den viel schlechteren Wirkungsgrad des Verbrenners gegenüber dem E-Auto.
Ein Kostenvergleich für 100 gefahrene Kilometer ergibt 9,80 € für den Verbrenner und 6,0 € für das E-Auto.

Annahmen: Super 1,40 €/Liter, 1kWh = 0,30 €

Die Antriebskosten sind beim Verbrenner somit 63% höher. Berücksichtigt man noch weitere Kosten beim Verbrenner, die beim Elektroauto entfallen, so stimmt das mit den Angaben des VW-Chefs Diess überein, der von der Halbierung der Kosten spricht.

An dieser einfachen Rechnung kann man erkennen, wohin die Reise geht.

Das Manko der E-Autos ist zurzeit noch der hohe Preis und die Reichweite. Der hohe Preis wird sich erledigen durch die steigende Herstellungszahl und die damit verbundene Lernkurve. Die Reichweite wird steigen aufgrund der intensiven Forschungen auf dem Gebiet der Batterien.

Es wird auch schon deutlich, dass Lithium, das bekannterweise gewisse negative Folgen hat, eine Übergangstechnologie ist. Eine Alternative wurde vom KIT (Karlsruher Institut für Technologie) und HIU (Helmholtz Institut Ulm) entwickelt und zwar auf der Basis von Calcium. Calcium ist das fünfthäufigste Element der Erdkruste.

Auch der Chemienobelpreisträger John Goodnough von der University of Texas in Austin hat einen Nachfolgetyp entwickelt, der in allen Kriterien besser sein soll als die Lithiumbatterie. Angeblich ist seine Batterie auch unbrennbar.

Die genannten Entwicklungen sind allerdings noch nicht marktreif, sodass im Moment die vorhandenen und geplanten Fabriken mit Lithium arbeiten. So soll auch die neue vom chinesischen Batteriehersteller CATL in Erfurt geplante Batteriefabrik Lithium verwenden. Das Investitionsvolumen beträgt 1,8 Mrd. €.

Die Forschungen konzentrieren sich nicht nur auf aufladbare Batterien, sondern auch auf das Gebiet der Batteriebrennstoffzelle. Auch diese Richtung ist erfolgversprechend. Genannt sei hier das Zentrum für BrennstoffzellenTechnik (ZBT) in Duisburg.

4.2.2 Batterie und Brennstoffzelle

Zum Verständnis dieser beiden unterschiedlichen Antriebsquellen für Elektromotoren werden die beiden Prinzipien kurz erklärt.

Eine Batterie wird elektrisch aufgeladen und gibt bei der Entladung die in ihr gespeicherte chemische Energie wieder in elektrischer Form ab. Sie soll möglichst oft wieder aufgeladen werden können und möglichst viel Energie speichern können. Eine Batterie wird immer über ein Stromkabel aufgeladen.

Anders ist das bei der Brennstoffzelle. Diese wird mit Wasserstoff kontinuierlich augeladen und erzeugt dann erst den elektrischen Strom, der den E-Motor antreibt. Dafür braucht man Wasserstoff, den man vorher mit grünem Strom hergestellt haben muss.

Wie man sieht, sind das zwei völlig verschiedene Antriebsarten. Der Weg über die Brennstoffzelle hat den Vorteil, dass die Energie im Wasserstoff zu beliebiger Zeit und ebenso am beliebigen Ort hergestellt werden kann. Fällt z.B. überschüssige Windenergie an, so kann diese zur Erzeugung von Wasserstoff eingesetzt werden.

Dieser Idee folgend haben die norddeutschen Länder Bremen, Hamburg, Mecklenburg-Vorpommern, Niedersachsen und Schleswig-Holstein am 7.11.2019 einen Vertrag zum Aufbau einer Wasserstoffwirtschaft geschlossen. Hamburg hat inzwischen den Bau eines Elektrolyseurs im Hafen angekündigt. Der Standort wurde gewählt, weil sich dort in der Nähe große Fabriken befinden, die Stahl, Aluminium und Kupfer verarbeiten. Der Wasserstoff könnte dort anstatt der bisher genutzten fossilen Brennstoffe als Energieträger verwendet werden. Auch die Fernwärme in Hamburg, die zurzeit suboptimal aus Wedel in Schleswig-Holstein kommt, könnte hier angebunden werden.

Insgesamt gesehen ist die Brennstoffzellentechnik noch nicht so weit, dass sie sich wirtschaftlich durchsetzen kann. Sie ist zurzeit noch eine Technologie der Zukunft.

Außer den beiden beschriebenen Antriebsquellen Batterie und Batteriezelle gibt es noch eine weitere, nämlich den Antrieb mit synthetischen Kraftstoffen.

4.2.3 Synthetische Kraftstoffe

Es gibt zu diesem Thema viele Schlagwörter, die eine Zuordnung nicht gerade leicht machen. Man hört von PtX (Power to X), von E-Fuels, EE-Gas und anderen Kürzeln. Deshalb hier eine grobe Einordnung.

Der Grundgedanke all diese Entwicklungslinien ist meist die Umwandlung von grünem Strom in Wasserstoff plus CO_2. Und dann weiter in Gas oder Flüssigkeit.

Am Ende soll ein gasförmiger oder flüssiger Brennstoff entstehen. Somit könnten Verbrenner im Antriebsmix noch weiter klimaneutral betrieben werden. Das Problem dieser Richtung, die sich heute noch im Forschungsstadium befindet, ist der niedrige Wirkungsgrad. Dieser liegt bei 20%, während der vom E-Auto bei 70-80% liegt. Der Prozentsatz bezieht sich auf das Verhältnis von der Eingangsenergie zur Energie am Rad.

Die Entwicklung auf diesem Gebiet wird auch vom Bund gefördert. So soll in der Energieregion Lausitz ein Kompetenzzentrum zur Erforschung der PtX-Technologie aufgebaut werden.

Auch an anderen Standorten in Deutschland wird an dieser Technologie geforscht. Zu nennen ist hier das KIT in Karlsruhe, das Institut für Technische Thermodynamik des deutschen Zentrums für Luft-und Raumfahrt in Stuttgart und die neue Fakultät für Luftfahrt, Raumfahrt und Geodäsie (LRG) an der TU München, um nur einige zu nennen. Die TU München erhält damit einen dritten Campus in Ottobrunn/Taufkirchen. Im Endausbau sollen dort 50 Professuren beherbergt werden.

4.2.4 Antriebsart der nahen Zukunft

Im Rennen um die beste Antriebsart hat aktuell der Antrieb über die aufladbare Batterie die Nase vorn. Sie steht als Lithiumbatterie zur Verfügung und es ist zu erkennen, dass sie auch mehr und mehr bezahlbar wird.
Eile für den Umstieg ist auch deshalb geboten, weil die deutsche Autoindustrie den von der EU vorgegebenen Flottenverbrauch mit dem Verbrenner nicht darstellen kann. Die Zielvorgaben sehen so aus, dass ein zunehmender Anteil der Neufahrzeuge in den kommenden Jahren CO2-frei sein muss, damit ein vorgegebener Flottenverbrauch erreicht wird. Sonst drohen den Autoherstellern hohe Bußgelder.

Es ist festzustellen, dass es keine E-Autos mit Batterie sein müssen. Die Hauptsache ist, sie sind klimaneutral. Oft wird bei dieser Frage gesagt, dass eine einseitige Vorgabe vonseiten der EU der falsche Weg sei. Auch hört man den Einwand, die Brennstoffzelle oder ander Antriebsarten wären doch viel sinnvoller.

Es ist natürlich so, dass wir heutzutage in einer globalen Wettbewerbsgesellschaft leben und in einer solchen sich meistens der Schnellere durchsetzt, wenn er auf das richtige Pferd gesetzt hat.

Der kalifornische Autobauer Tesla hat offenbar die Zeichen der Zeit früher gesehen als die klassischen Autobauer. Von diesen ist Tesla viel zu lange nicht ernst genommen worden als neuer Kokurrent in diesem Markt. Heute spricht man davon, dass Tesla einen Entwicklungsvorsprung von 5 Jahren habe. Laut Expertenmeinung geht es bei Tesla nicht nur um leistungfähige Akkus, sondern auch um Software. So sind alle Tesla-Modelle mit einem Funkmodul ausgerüstet, das anhand aktueller Verkehrsinformationen die beste Route berechnet.

Am deutlichsten von den deutschen Autobauern hat VW auf die neue Herausforderung reagiert. Aber auch alle anderen setzen sich mit dieser Lage auseinander. Es gibt möglicherweise auch noch andere Wege, mit denen man die Klimaziele der EU erfüllen kann. Auch die Hybbridtechnik kann dabei eine Rolle spielen.

Jedenfalls hat der geplante Bau einer Tesla-Fabrik in Grünheide südöstlich von Berlin eingeschlagen wie eine Bombe. Man wird sehen wie der Wettlauf am Ende ausgeht.

4.2.5 Energiedichte

Die Energiedichte der Stoffe ist ein wichtiger Begriff für die Beurteilung der Optionen der Energieerzeugung und der Antriebsarten. Sie besagt, wieviel Energie in einem Kilogramm eines Stoffes enthalten ist. Davon hängt ab, wie sinnvoll man einen Stoff z.B. im Bereich Verkehr oder Wärmeerzeugung einsetzen kann.

Die Energiedichte in der Dimension kWh/kg einiger Stoffe:

Wasserstoff	33,3
Rohöl	11,6
Benzin	12,0
Diesel und Kerosin	11,9
Methanol	13,9
Erdgas	10,6-13,1
Holz	4,7
Steinkohle	9,4
Braunkohle	4,17
Silizium	9,0
Lithiumbatterie	0,3
Kernfusion	300.000.000
Vollständige Umwandlung von Masse in Energie (nach Einstein $E=mc^2$)	89.875.000.000

Die beiden letzten Zahlen muss man als theoretisch verstehen, sie sollen nur zeigen, welche Energie in der Masse von Stoffen grundsätzlich steckt. Das hat Albert Einstein der Welt vorgerechnet.

Von den oben genannten Stoffen fällt Wasserstoff besonders auf. Daraus leitet sich ab, aus grünem Strom hergestellter Wasserstoff als heißen Kandidaten für alle Energiegewinnungen anzusehen. Er hat zwei Vorteile.

Er verfügt über eine hohe Energiedichte und er ist speicherbar.
Wasserstoff ist wahrscheinlich ein geeigneter Favorit für Antriebe im Schwerlastfernverkehr und im Flugverkehr.

Ein Hybridflugzeug könnte z.B. elektrisch starten und landen und auf Strecke mit Biokerosin angetrieben werden.

Die Vorstellung eines total leisen Flugzeugs beim Start und der Landung ist geradezu traumhaft.

Für die Erforschung von Biokerosin aus Algen forschen in Ottobrunn das Unternehmen Airbus und die TU München seit 2015.

Der im Vergleich niedrige Wert von 0,3 bei der Lithiumbatterie ist zurzeit Gegenstand intensiver Forschung. Hier wird sich ein harter Wettbewerb abspielen. Tesla hat schon einen Wert von 0,4 angeblich dargestellt. Dieser Wert ist entscheidend für die Reichweite der E-Autos.

5 Sektor Wärme

Bevor näher auf diesen Energiesektor eingegangen wird, muss noch ein Begriff erklärt werden, der bei dem Thema Energieformen eine ganz wichtige Rolle spielt, nämlich die Sektorkopplung.

Darunter ist zu verstehen, dass man die Energiesektoren Elektrizität, Wärme, Verkehr und Industrie nicht als getrennte Sparten betrachtet, sondern enger miteinander verbindet.

Will man den gesamten Energiebereich dekarbonisieren, so sind alle Möglichkeiten auszuschöpfen, die technisch und wirtschaftlich machbar sind. Verschiedene Kopplungen sind altbekannt wie z.B. die gleichzeitige Herstellung von Strom und Wärme in einem Blockheizkraftwerk (BHKW).

Solche Anlagen gibt es von klein bis groß, von Mikro-BHKW (kleiner 3 kW) bis zu großen Heizkraftwerken (größer 10 MW).

Es können unterschiedliche Brennstoffe eingesetzt werden.
Insgesamt ist das Thema Sektorkopplung noch entwicklungsfähig und kann sicher noch viel zum Gelingen der Energiewende beitragen.

Der Wärmebereich privater Haushalte stellt einen großen Anteil des Endenergieverbrauchs dar. Rund 3/4 der Endenergie der Haushalte wird hierzu benötigt.

In diesem Sektor ist ein Einsparpotenzial von 90% möglich. Deshalb sollten sich die sog. "Häuslebauer" mit diesem Thema sehr intensiv beschäftigen. Folgende Punkte sind hier relevant:

- Dämmumg (Dach, Wände, Fenster)
- Heizungstechnik
- Energieberater

5.1 Dämmung

In den letzten Jahren ist durch neue Verordnungen auf diesem Gebiet sehr viel passiert.
Sieht man sich Immobilienanzeigen von Altbauten an, so findet man häufig noch Werte von mehr als 300 kWh/m²a. Das ist der Wert des Wärmeenergieverbrauchs pro Jahr und Quadratmeter. Die Angabe dieses Wertes ist heutzutage Norm.

Über mehrere Schritte ist man auf dem Verordnungsweg heute bis zum sog. Dreiliterhaus heruntergegangen. Ein solches hat den Wert von 30 kWh/m²a. Es gibt noch eine Stufe darunter mit 15 kWh/m²a, das sog. Passivhaus.
Das maßgebliche Kriterium für die Dämmung der Wände und Fenster ist der U-Wert, der angibt, wieviel Wärmeverlust pro Quadratmeter und Grad Kelvin Temperaturunterschied entsteht.
Gefragt sind kleine U-Werte. Die Dimension des U-Wertes ist W/m²K (Watt pro Quadratmeter und Kelvin).

	Altbau	Dreiliterhaus
U(Fenster)	5	0,8
U(Wand)	1,4	0,15

Bei Fenstern gibt es einen U-Wert für das gesamte Fenster und einen für den Rahmen. Man muss deshalb immer fragen, welcher gemeint ist.

5.2 Wärmeerzeugung zentral

Gemeint ist hier die Wärmerzeugung im großen Stil z.B. für ganze Stadtteile. Dies geschieht in Heizkraftwerken und BHKWn. Die angeschlossenen Gebäude erhalten Raumwärme und Warmwasser. In Hamburg sind mehr als 400 000 Wohnungen an Fernwärme angeschlossen. In Deutschland werden als Energiequellen hauptsächlich Erdgas, in zweiter Linie Kohle und nur 10% EE eingesetzt.
Da hier vorwiegend fossile Energieträger verwendet werden, ist die Marschrichtung für die Einsparung von $CO2$ klar. Es bestehen hierfür folgende Lösungsansätze:

- Einsatz bisher nicht genutzter Abwärme z.B. von Metallhütten

- Nutzung der Wärmenergie von Kläranlagen
  und Müllverbrennungs- anlagen

- Speichern von Warmwasser, das im Sommer
  anfällt (Aquiferspeicher)

- Nutzung von Wasserstoff hergestellt durch
  einen Elektrolyseur (s.4.2.2)

5.3 Wärmeerzeugung dezentral

Dieser Bereich kann für alle eine Hilfe sein, die ein älteres Haus besitzen oder auch alle, die sich für den Erwerb eines solchen interessieren oder auch einen Neubau planen. Man sollte sich über die verschiedenen zukunftssicheren Lösungsmöglichkeiten in den Breichen Heizen, Strom- versorgung und Dämmung gut informieren, damit man bei den bauausführenden Fachleuten die richtigen Fragen stellen kann.

5.2.1 Wärmepumpe

Bei einer Wärmepumpe muss man zuallererst das Prinzip verstehen. Sonst glaubt man nicht, dass man mit einer solchen Anlage 3-mal so viel Energie erhält wie man vorne hineinsteckt.
Deshalb hier eine kurze Erklärung des schon ziemlich alten Prinzips, das bereits im Jahre 1852 von dem britischen Physikprofessor Lord Kelvin nachgewiesen wurde.
Der Gewinn an Energie kommt dadurch zustande, dass der Umgebung Energie entzogen wird, die in den zu beheizenden Raum befördert wird.
Aus 1 kWh elektrischer Energie erhält man 3 kWh thermische Energie.
Die hier angegebenen Zahlen dienen nur der Erklärung. In der Realität kann der Faktor 3, je nach technischer Ausführung, größer oder kleiner sein.
Dieser Gewinn soll jedoch nicht dazu verführen, zu glauben, dass eine solche Heizung in jedem Fall die wirtschaftlich beste ist. Aber im Vergleich mit einer elektrischen Heizung mit Heizlüftern oder Heizplatten ist die Wärmepumpe ganz klar im Vorteil, wenn es darum geht, einen Raum über eine längere Zeit zu beheizen.

Die wichtigste Rolle bei einer Wärmepumpe spielt das Kältemittel, das sich in einem geschlossenen Kreislauf befindet. Der Kreislauf hat zwei Seiten, eine Seite mit niedriger Temperatur und eine mit hoher Temperatur. Auf der Seite mit niedriger Temperatur wird Wärme von der Umgebung (Luft oder Erdboden) auf das Kältemittel übertragen. Auf der Seite mit der hohen Temperatur wird Wärme an Heizkörper abgegeben. Ein Kompressor (Verdichter) und ein Expansionsventil trennen die beiden Seiten.

Wichtig für den, der vor einer Entscheidung steht, ist zu wissen, dass man eine Antriebsenergie braucht. Der Kompressor wird elektrisch angetrieben und verbraucht ständig Strom. Dieser kommt aus dem Stromnetz eines Stromanbieters oder er wird mittels einer Photovoltaikanlage auf dem Hausdach selbst erzeugt.

Für die Planung spielt die Wahl des Kältemittels eine entscheidende Rolle. Hier droht beim Einsatz des falschen Mittels eine große Gefahr.

Gefahr heißt großes Treibhauspotenzial. Das Kältemittel sollte frei von Fluor-Kohlen-Wasserstoff (FKW) sein. Die FKW-freien Stoffe haben jedoch einen Nachteil, sie sind brennbar. Deshalb müssen besondere sicherheitstechnische Maßnahmen getroffen werden.

Im Bereich der Kühl-und Gefriergeräte haben sich diese klimafreundlichen Mittel trotz der Brennbarkeit seit Jahren durchgesetzt und gehören zum Standardsortiment.

FKW-freie Kältemittel		Treibhauspotenzial
R290	Propan	3
R600a	Butan	3
R744	Kohlendioxid	1
R717	Ammoniak	0
R12	Dichlordifluormethan	6640

R12 ist seit 1995 wegen des negativen Einflusses auf die Ozonschicht für Neuanlagen verboten.

Zusammenfassend:

Eine Wärmepumpe hat dann Null CO2-Emissionen, wenn sie mit grünem Strom oder der eigenen PV-Anlage betrieben wird und das Kältemittel FKW-frei ist.

5.2.2 Erdgasheizung

Für den Fall, dass jemand vor der Situation steht, einen Altbau zu übernehmen, der mit Erdgas versorgt ist, kann auch eine solche Wärmeversorgung überlegenswert sein. Besonders interessant ist eine sog. Gas-Hybridheizung. Das ist eine Kombination zwischen Erdgasheizung plus Solaranlage. Eine solche Heizung wird auch gefördert, je nach dem alten Energieträger zwischen 30 und 40% (Quelle: www.thermondo.de).

Keine Förderung erhält man, wenn die alte Heizung austauschpflichtig ist. Die Förderung muss vor Beginn des Vorhabens beantragt werden.

Eine weitere Variante bei dieser Wahl ist noch die Hinzufügung eines Stromspeichers. Auch ein solcher kann gefördert werden, wobei der Preis eines Speichers die Rechnung sehr stark bestimmt.

5.2.3 Blockheizkraftwerk (BHKW)

Ein BHKW arbeitet nach dem Prinzip der Kraft-Wärme-Kopplung (KWK). Einfach ausgedrück: Es wir Strom und Wärme erzeugt.
Die Anlage treibt ein Motor an. Das ist normalerweise ein Verbrennungsmotor, der z.B. mit Erdgas angetrieben wird. Der Motor treibt dann einen Generatoran, der Strom erzeugt. Diesen Strom nutzt man selbst und kann ihn auch in das öffentliche Stromnetz einspeisen. Dafür bekommt man die Einspeisvergütung, die zurzeit bei 10 Cent/kWh liegt.
Woher kommt nun die Wärme? Sie entsteht am Motor und am Generator. Dazu kommt noch die Wärme der Abgase des Motors.
Das System wird so dimensioniert, dass es z.B. für eine 4-köpfige Familie ausreicht plus Reserve für das evtl. eingeplante E-Auto.
Die Palette reicht von der elektrischen Leistungsstufe von 2,5 kW bis
50 kW.

Es gibt diverse Fördermöglichkeiten für ein BHKW:

* KWK-Förderung durch Kraft-Wärme-Kopplungsgesetz (KWKG)
* Finanzielle Unterstützung von BAFA (Bundesamt für Wirtschaft und Ausfuhrkontrolle)
* KfW (Kreditanstalt für Wiederaufbau)
* Steuerleichterungen
* Genaueres: www.energy-world.de

5.2.4 Energieberater

Wer eine Immobilie kaufen will, tut gut daran, einen Gebäudeenergieberater zu Rate zu ziehen. Bei der Auswahl helfen die Verbraucherzentralen. Es sollte schon ein richtiger Berater sein, da der Titel nicht geschützt ist.
Bei der Beratung spielen das Heizungssystem und das Wärmebild einer Wärmebildkamera eine wichtige Rolle.

Es gibt auch Fördermittel für diese sehr sinnvolle Ausgabe.

6 Kernfusion - Lösung aller Energieprobleme?

Blickt man ganz weit in die Zukunft, so gibt es eine Technik, mit der sich Physiker und Ingenieure schon seit viele Jahrzehnten beschäftigen. Es wird vermutlich noch viele Jahre dauern bis das Prinzip der Kernfusion soweit realisiert ist, dass man Strom auf diese Weise wirtschaftlich herstellen kann.

Das Prinzip ist das Gegenteil von Kernspaltung so wie das bekannterweise in Atomkraftwerken angewendet wird. Es funktioniert auf die gleiche Weise wie die Sonne Wärme erzeugt. Der Vorteil gegenüber der Kernspaltung ist der, dass keine ungewollte Kettenreaktion entstehen kann, die zu den bekannten schrecklichen Unfällen der Vergangenheit wie in Tschernobyl oder Fukushima geführt hat.

Vereinfacht ausgedrückt braucht man bei der Kernfusion eine sehr hohe Temperatur, nämlich 100 Millionen Grad Celsius und ein Medium, das auf diese Temperatur gebracht werden kann. Als Medium nimmt man z.B. Tritium, eine Ableitung (Isotope) von Wasserstoff. Das Medium fusioniert durch die hohe Temperatur zu Helium und dabei werden Neutronen freigesetzt. Diese prallen auf die Wand einer Vakuumkammer und heizen diese auf.

Die dabei entstandene Wärme wird in elektrische Energie umgewandelt. Das heiße Medium, das Plasma, wird mittels komplexer Technik und riesigen Magneten zusammengehalten. Das Prinzip für das Zusammenhalten des Plasmas ist bei dem Projekt ITER eine russische Entwicklung namens Tokamak.

Übrigens muss aufgrund der Forschungsergebnisse der Wissenschaftler in Garching/München die ITER-Anlage von der Dimension her nur halb so groß gebaut werden.

Das Projekt ITER ist das größte internationale Projekt und wird zurzeit in Südfrankreich in Cadarache verwirklicht.

Kenndaten:
* 35 Länder beteiligt (u.a. EU, Schweiz, China, Indien, Japan, Russland, USA)
* Baubeginn 2007
* geplante Fertigstellung 2025
* Betriebsbeginn 2035
* Kosten 20 Mrd. €
* zurzeit ca. 2/3 fertig, 1600 Bauausführende, 400 Wissenschaftler und Ingenieure

Neben dem Projekt ITER (lateinisch der Weg) gibt es auch auf nationaler Ebene Projekte auf diesem Gebiet.

Deutschland
Wendelstein 7-X in Greifswald; es wird eine alternative Technik für das Zusammenhalten des Plasmas angewandt namens Stellarator; Kosten bisher 1 Mrd €.

China
Laut Bericht im Stern konnte eine Temperatur von 100 Millionen Grad Celsius für 10 Sekunden erreicht werden.

Großbritanien
Europaweit betriebene Versuchsanlage in Culham

USA
TFTR Anlage in Princeton University, Beginn 1968

Anhand der frühen Anfänge ist abzulesen, dass es sich hier um ein schwer zu lösendes Problem handelt. Das heißt jedoch nicht, dass diese Forschungsrichtung keinen Sinn macht und man das investierte Geld für etwas anderes einsetzen sollte, was hin und wieder zu hören ist.
Es ist so ähnlich wie bei der Krebsforschung. Es ist eben ein langer Weg und Teilerfolge sind durchaus erkennbar.

7 Die Behauptung "Deutschland kann doch nicht die Welt retten"

Mit dieser Behauptung wollen einige Meinungsmacher alle Anstrengungen im Kampf gegen die Erderwärmung diskreditieren und sie verweisen auf das kleine Deutschland und die Unmöglichkeit Einfluss auf den Rest der Welt zu nehmen.

Die Wahrheit ist, dass weder die Wissenschaftler noch Fridays For Future eine solche Behauptung aufstellen. Deren Forderung richtet sich lediglich auf die Einhaltung der Klimaziele von Paris.

Danach ist jedes Land für seinen Anteil verantwortlich. Deutschland für 2,5% der vom Mensch verursachten Treibhausemissionen. Es geht also nicht darum, die Welt zu retten, sondern um diesen Anteil von 2,5 Prozent.

Wenn Deutschland dieses Ziel nicht schafft, dann hat es jeglichen Anspruch verloren, mit seiner Ingenieurskunst in der Welt Punkte zu machen. Das Bild von der Stärke im Export Deutschlands wäre stark ramponiert.

Vermeintlich schlaue Mitbürger weisen in diesem Zusammenhang oft darauf hin, dass China am laufenden Band Kohlekraftwerke in Betrieb nimmt. Und schon deshalb müsse das Weltvolumen an Emissionen steigen. Und daran könnten wir eben nichts ändern.

Dabei wird übersehen, dass China bei den Erneuerbaren die Führung von Europa übernommen hat. Es hat die enormen Marktchancen und wirtschaftlichen Vorteile erkannt, so die Energieökonomin Prof. Claudia Kemfert.

China ist auch dabei, alte Kohlekraftwerke durch neue Technik zu ersetzen.

Im Moment ist der steigende Energiebedarf in China der große Treiber.

Der zunehmende Energiebedarf ist weltweit signifikant, besonders in Afrika und anderswo in armen Ländern. Zum besseren Leben gehört eben unweigerlich auch ein höherer Energiebedarf.

Das Wachstum der Weltbevölkerung erhöht diesen zusätzlich.
Aus der Vergangenheit weiß man jedoch, dass ab einem bestimmten Bruttosozialprodukt pro Kopf in den Ländern mit hohem Bevölkerungswachstum die Geburtenrate je Frau zurückgeht. Dann sinkt der Energiebedarf noch nicht, aber es entfällt eine Komponente für das Wachstum der Bevölkerung.

7.1 Die persönliche Kohlendioxidbilanz

Ein Blick auf die persönliche Situation und den Zusammenhang mit den CO_2-Emissionen einesjeden von uns soll die Klimafrage noch deutlicher machen.
Es läuft auf die Frage hinaus, welche Menge an CO_2 ein Durchschnittsbürger eines hochentwickelten Landes wie Deutschland jährlich verursacht. Einfach weil er existiert und das macht, was er gewöhnlich tut.
Untersucht man das etwas genauer, so fällt ziemlich schnell auf, das es zwei verschiedene Bereiche gibt. Einen direkten, wo man sofort sieht, dass CO_2 entsteht und einen indirekten, bei dem die CO_2-Emissionen im Vorfeld entstehen.

Direkte selbst verursachte Emissionen in kg CO2 :
* Jahresstromrechnung   960
* Heizkostenabrechnung   1750
* gefahrene Autokilometer (11 Tkm)   1750
* Flugkilometer (4 Tkm)   1000

                            =====

                            5460

Indirekte selbst verursachte Emissionen in kg CO2:

* öffentlicher Konsum (Infrastruktur)   1100
* Ernährung   1300
* Privater Konsum (Kleidung, Auto,PC)   2860

                            =====

                            5260

Anhand dieser Zahlen kann jeder erkennen, wo er ansetzen könnte. Das muss jeder für sich entscheiden.

Worauf es mir bei dieser Betrachtung ankommt, ist das Folgende.

Es kann an jeder Zahl etwas vermindert werden, wenn die Verwendung fossiler Brennstoffe reduziert oder ganz vermieden wird.
Wir müssen uns nicht gegenseitig Vorwürfe machen, welche Umweltsünder wir sind.
Wenn generell alle technischen Prozesse betrachtet werden, wo CO2 erzeugt wird – so wie es in den vorstehenden Kapiteln dargestellt wurde - so sieht man, dass es unterschiedlich schwer ist mit dem Einsparen von CO2. Es muss nach Möglichkeit an der ganzen Front etwas passieren. Ansätze und Optionen sind deutlich zu erkennen.

Die größten Erfolgsaussichten sehe ich in technischen Innovationen. Der Verhaltensbereich ist schwieriger zu beeinflussen, aber es gibt auch da

Bereiche, die leichter zu realisieren sind. Gute Ansätze sehe ich im Schul-
und Ausbildungsbereich, indem man Motivationsimpulse setzt und
Jugendliche zu CO2-Fahndern macht.

Die gesamte Palette der Fachgebiete Biologie, Chemie, Physik könnte auf
den Schwerpunkt CO2 stärker fokussiert werden. Daraus können
Berufswünsche bei Jugendlichen entstehen vom Heizungstechniker bis zum
Grundlagenforscher.

Viele haben das schon begriffen und auch mit Maßnahmen unterlegt. Es
gibt auch strategische Ansätze. So habe ich vor kurzem in einer Feierstunde
an der TU München vom Präsidenten Prof. Herrmann eine Begründung
gehört, warum man an der TUM vor einigen Jahren schon eine Fakultät für
das Studienfach Politische Wissenschaften eingerichtet hat. Auch
Studierenden dieser Fachrichtung soll ein naturwissenschaftliches
Grundwissen vermittelt werden, um dieses besser in die Politik zu
transferieren.
Eine breite Akzeptanz für das Ziel der CO2-Vermeidung kann nur entfacht
werden, wenn die Mehrheit der Bürger dahintersteht.
Und Mehrheiten entstehen erfahrungsgemäß durch die unermüdliche
Weitergabe gesicherter Fakten.

Ein Umdenken in grundlegenden Vorstellungen ist historisch schon immer
eine langwierige Angelegenheit gewesen.
So hat es viele Jahrhunderte gedauert, bis es sich herumgesprochen hat, dass
die Erde keine Scheibe ist, sondern eine Kugel, die sich um die Sonne dreht
und nicht umgekehrt.
Erst 1992 hat die katholische Kirche die Verurteilung von Galileo Galilei
zurückgenommen.

8 Schlussbetrachtung

Es ist festzustellen, dass die Erderwärmung Realität ist.

Für die verschiedenen Bereiche Verkehr, Wärmeerzeugung sowie
Stromherstellung sind erneuerbare Lösungen verfügbar.

Allein durch den Einsatz einer neuen Heizunganlage, die Null Emissionen verursacht, kann man seinen privaten direkten Emissionausstoß um ein Drittel senken (s. S. 41).

Die enormen Chancen für den Einsatz von Wasserstoff mit seiner hohen Energiedichte sind erkennbar. Im Moment hat aber die Batterie für das Auto die Nase vorn.

Auch andere mögliche Energiequellen, an denen geforscht wird, wurden beschrieben. Die Anstrengungen sollten verstärkt werden.

Klimaschonendes Verhalten der Menschen wird mit erhobenem Zeigefinger nicht zu erreichen sein.

Es müssen intelligente Lösungen gefunden werden. Sonst wird ein besseres Leben für große Teile der Welt unmöglich gemacht.

Die entwickelten Länder sind gefordert. Alle sitzen im selben Boot. Ein Versagen wird sich auch auf diese selbst negativ auswirken. Sie sind gefordert aus Gründen des Selbsschutzes, mutig voranzugehen und technische Möglichkeiten zu finden, wie die betroffenen Regionen vor Ort ihre Lage verbessern können.
Agieren ist schon immer besser gewesen als Reagieren.

Die Herausforderungen besonders für junge Menschen sind da. Sie müssen nur geweckt und ergriffen werden.

9 Ganz zum Schluß

Ein wichtiges Kapitel, das hier nicht behandelt wurde, ist die Angst der Menschen vor Veränderungen und die notwendige Einsicht, die Klimawende als das Thema mit der höchsten Priorität anzusehen.

Die großen Probleme der Menschheit wie Krieg, Vertreibung, Fluchtbewegungen und Hungersnöte werden durch den Klimawandel schon jetzt erkennbar vehement verstärkt.

Warum ist der Klimawandel ein Problem, das den Vorrang vor allen Problemen haben sollte?

Eine Antwort darauf ist, etwas verkürzt, nachzulesen im Human Development Report 2007/2008:

"Der Klimawandel ist das alles überragende Problem der menschlichen Entwicklung in unserer Generation. Bei jeglicher Entwicklung geht es letztendlich um mehr Möglichkeiten und größere Freiheit für die Menschen. Es geht darum, dass Menschen die Fähigkeit entwickeln, die es ihnen ermöglichen, Entscheidungen zu treffen und ein sinnvolles Leben zu leben. Der Klimawandel droht die Freiheiten der Menschen auszuhöhlen und ihre Wahlmöglichkeiten einzuschränken.
Die ersten Warnsignale sind bereits zu erkennen. In vielen Entwicklungsländern sind Millionen der ärmsten Menschen dieser Erde schon jetzt gezwungen, die Auswirkungen des Klimawandels zu bewältigen. Der Klimawandel unterscheidet sich von anderen Problemen, denen sich die Menschheit gegenübersieht. Er zwingt uns darüber nachzudenken, was es bedeutet, als Teil einer ökologisch voneinander abhängigen menschlichen Gemeinschaft zu leben.
Bei allen anderen Zwistigkeiten der Welt gibt es immer zwei Seiten. Die eine gewinnt, die andere verliert.
Der Klimawandel hat nur eine gemeinsame Seite für alle. Alle Nationen und alle Menschen haben dieselbe Atmosphäre.
Und wir haben nur diese eine."

Ich persönlich möchte nicht, dass die Enkel meiner Enkel oder deren Enkel einmal fragen, warum ihre Vorgänger die Chance zur Umkehr nicht genutzt haben und es jetzt für sie zu spät ist. Der Geist ist aus der Flasche. Es gibt kein zurück.
In der Naturwissenschaft nennt man solche Vorgänge irreversibel.

Meinen Nachkommen bliebe nur eine kleiner Trost. Sie könnten sagen, ihr Ur-Ur-Ur-.........Opa und natürlich auch andere, aber nicht viele genug, haben es schon geahnt.

Vielleicht können wir aus den Erfahrungen, die wir alle weltweit mit der Viruspandemie machen, etwas lernen, was uns auch bei der Klimafrage helfen könnte. Wir werden vermutlich besser erkennen, was es heißt, dass wir alle im selben Boot sitzen und nur beherztes gemeinsames Handeln zu einer sinnvollen Lösung führt.

Es gilt der Satz des antiken römischen Dichters Ovid :

Principiis obsta, sero medicina paratur.

Auf Deutsch: Widerstehe den Anfängen, wenn es zu spät ist, hilft auch die
              Medizin nicht mehr.

Abkürzungen

KW	Kraftwerk
KWK	Kraftwärmekopplung
BHKW	Blockheizkraftwerk
kWh	Kilowattstunde = Einheit der elektrischen Energie
m	Masse eines Stoffes
E	Energie
c	Lichtgeschwindigkeit (300.000 km/Sekunde)
FKW	Fluor-Kohlen- Wasserstoff
FCKW	Fluor-Chlor-Kohlen- Wasserstoff
CO_2	Kohlendioxid
PtX	Power to X
K	Grad Kelvin
m^2	Quadratmeter
W	Watt
kW	Kilowatt
ppm	parts per million
PV	Photovoltaik
UNEP	Umweltprogramm der Vereinten Nationen

Abkürzungen

WMO   Weltorganisation für Metereologie

TUM   Technische Universität München

T   Tausend

Literatur

Volker Quaschning, Erneuerbare Energien, 4.Auflage

Harald Lesch, Wenn nicht jetzt, wann dann?

Gerd Ganteför, Der Weltuntergang findet nicht statt

Gerd Ganteför, Wir drehen am Klima- na und?

Oliver Zirn, Elektrifizierung in der Fahrzeugtechnik

Bild der Wissenschaft, Artikel über Klimawandel, Forschungsergebnisse
verschiedenster Bereiche u. a. Batterieentwicklung,
Atomphysik, Energietechnik etc.

Weiterführende Informationen aus dem Internet

www.tagesspiegel.de/politik/klimaabkommen-von-Paris

www.klimafakten.de/behauptungen

www.auto-motor-und-sport.de/tech-batterie-für-das-elektroauto-der zukunft

www.spektrum.de/exzellente-deutsche-klimaforschung

www.utopia.de/ratgeber/energiewende..

www.energie-lexikon.info/brennstoffzelle

www.fr.de/wirtschaft/klimasuender-landwirtschaft

www.statista.com/daten/co-emissionen nach ländern-je einwohner

www.frauhofer.de/de/forschung/batterieforschung

www.elektroniknet.de chemienobelpreisträger gooenough: der superbatterie auf der spur

www.adac.de/verkehr/synthetische Kraftstoffe

www.wikipedia.org/wiki/sektorkopplung

www.bayern-innvativ.de/fachwissen-energiewende

www.youtube.com/watch: Neue Fakultät der TUM im Bayerischen Luft- und Raumfahrtzentrum

www.bonmio.de/haus/sanierung: Brennstoffzell-Wärme und Strom selbst erzeugen www.erneuerbare-energien.de:Informationsportal Erneuerbare Energien

www.kombikraftwerk.de

www.bmu.de/themen/klima/: Emissionshandel

www.handelsblatt.com/finanzen: Milliardengeschäft mit dem Abgashandel

www.bhkw.de/brennstoffe für bhkw

www.wikipedia.org : Fernwärme

www.thermondo.de/info/finanzen/foerderung

www.ew-energy-world.de/blockheizkraftwerk

www.stern.de/digital/technik Heißer als die Sonne-China-Reaktor erreicht Durchbruch in der Kernfusion

www.wikipedia.org/wiki/Wendelstei 7X

www.duh.de/presse/pressemitteilung/klima-neutral..

www.rbb24.de/panorama/... treibhauseffekt

www.dw.com/de/erneuerbare E... china übernimmt

www.hdr.und.org/.... human development report

www.geothermie.de